无需明火的新型蜡烛

手作零失误的
唯美香熏蜡片

〔日〕蜡烛研究室（Candle Studio 代官山） 著

陈 刚 译

北京科学技术出版社

Contents
目录

第 1 章
基础香熏蜡片·········· 8

第 2 章
色香俱全的香熏蜡片·········· 32

第 3 章
不同外形的香熏蜡片·········· 42

★蜡片属于油类，在加热时要注意谨防烫伤。
　另外，不要让儿童直接接触制作用的锅与蜡。

写在前面

我们离不开蜡烛，因为它为我们的生活带来了温馨。
而有一种蜡烛，无需点燃，一样可以带来芳香。这就是现在备受瞩目的"香熏蜡片"。

值得一提的是，本书中介绍的"基础香熏蜡片"，在Candle Studio代官山举办的"植物系讲座"中也好评如潮。只需在蜡片上点缀植物就大功告成，简单易行且有很大的创造空间，不仅受到女性朋友的欢迎，就连男性朋友们也为之沉醉。

本书不但介绍了最基本的香熏蜡片，还包括了诸如立体造型以及香熏蜡棒等各种各样造型的作品。

或许有人会惊讶说："香熏蜡片还可以做成这样！？"
香熏蜡片应用了普通蜡烛的制作技术，并且因其不用点燃的特征，
所以制作的限制条件和注意事项更少，这也是其独特的魅力。

本书充分利用了香熏蜡片的优点，开发了众多配方，并与你分享。

为了让更多的人领略香熏蜡片的魅力，作者执笔成书。衷心希望读
者朋友们在阅读本书的同时，亲手尝试制作香熏蜡片。

蜡烛研究室（Candle Studio 代官山）

什么是香熏蜡片?

香熏蜡片是在制作蜡烛用的蜡中,混入香料并凝固而成的"香囊"。
无需点火即可品味芬芳,是一种新型的蜡烛。

点不燃的蜡烛

香熏蜡片与普通蜡烛的最大区别就在于"无需点燃"。如果你因为要照顾孩子或饲养宠物而无法享受烛光的温馨或者熏香的浪漫,那么香熏蜡片将是你的最佳选择。在需要保持清新环境的会客场所,或者在收纳处轻轻摆上一枚香熏蜡片,熏香将还你一份好心情。

配方比制作蜡烛更加简单

因为蜡烛在点燃的时候需要灯芯，所以结构上要
稍微复杂一些。此外，由于蜡烛要点燃才能发挥作
用，因此如果要将容易着火的物品用作点缀的话，
则有诸多注意事项。不过，如果是香熏蜡片，则没
有这些顾虑。当然在制作香熏蜡片的时候还是需
要火的，所以仍需注意（参考第6页），但其配方和
制作点心差不多，制作过程也趣味无穷。

领略熏香的浪漫

香熏蜡片以蜡为基础，在其中注入香精油凝固而
成，香熏蜡片的英语为Aroma Wax Sachet。Sachet
本意为"有香味的小袋"，Aroma Wax Sachet含义
是只需放置就可以散发香味。本书会在每种配方
中介绍与之相适应的香料，但读者大可不必拘泥
于此。你也可以根据自己的喜好来选择香料。

要仔细留意制蜡过程中的注意事项，安全地体验香熏蜡片手工艺带来的快乐。

蜡 = 油
仔细留心蜡的温度变化

在本书介绍的配方中，对蜡中加入香料时的温度、将蜡注入容器时的温度等全都进行了明确记录。蜡是一种油。换句话说，蜡不同于水，即使超过100℃也不会发生沸腾，因此使用起来容易掉以轻心。一般认为蜡的燃烧温度在200～250℃，一不留心就很容易达到。将煮锅放在电磁炉上加热时，一定要随时注意控制温度。一旦觉察到危险，就要立即关闭电磁炉。如果不慎触摸到烧热的熔蜡锅，很可能被烫伤。此外，要将蜡放在保鲜盒等可以密封的容器中进行保存，注意不要让水汽混入。在保存时要避开高温高湿的环境。

注意蜡油的飞溅

在进行蜡艺手工时，原则上都要在作业台上进行。Candle Studio 代官山的做法是，在桌子上铺上牛皮纸，纸变脏后更换就可以了。因为牛皮纸是褐色的，所以白色的蜡点会很醒目，使用起来可以有效避免事故和油污的发生。此外，在手工作业时还可以穿上阿芙纶材质的外衣，防止蜡油飞溅到衣物上。

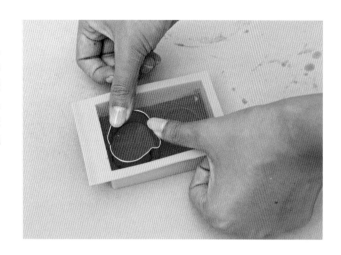

使用完毕后一定要清洗

经常清洗是保证安全与清洁的秘诀，每次使用完熔蜡锅后都要仔细清洗。

1　熔蜡锅在使用完毕后，要放在火上将剩余的蜡熔化掉。右手握住筷子，夹住厨房纸准备清洁工作。

2　用厨房纸沿着锅底旋转擦拭，将残留的蜡清除干净。

3　将残留的蜡全部清除干净后，就这样不要水洗，直接收纳放好。

第1章
基础香熏蜡片

本章介绍的香熏蜡片制作简单，只要将蜡倒进硅胶模具中即可。首先让我们从道具、蜡、点缀物以及基本的制作方法来了解香熏蜡片吧。

Botanical

植物系香熏蜡片

植物系香熏蜡片能让人感受到植物的本真之美。
主要是用干花、干草、干果等进行搭配。

Flowery 花草系香熏蜡片

花草系香熏蜡片中大量使用花草,将女性特有的优雅端庄烘托得淋漓尽致。
形状上统一选用了圆润的橄榄形。

Natural 自然系香熏蜡片

自然系香熏蜡片选用了身边常见的自然原料进行搭配。
生机勃勃的素材，其本身便是绝妙的作品。

工具

需要准备的工具

首先让我们一起来认识一下香熏蜡片手工艺中要用到的基本工具。

这些工具在五金店都能轻松买到。

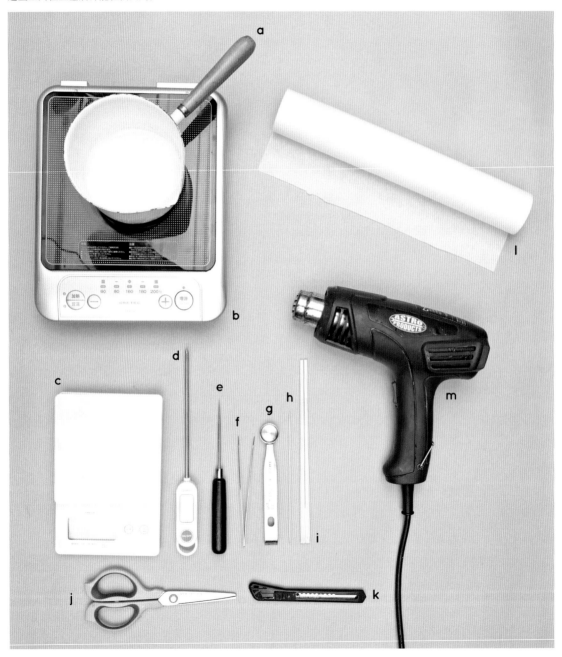

a. 搪瓷锅

也就是普通的铝锅。容量在 700 毫升左右的锅基本可以完成任意作品。因为搪瓷锅受热均匀，所以特别适合用来熔化蜡块 (参考第 18 页)。

b. 电磁炉

用于熔化蜡块，专用的单体型电磁炉。在手工作业时要谨防蜡着火，要将周围的物品清理干净。

c. 天平

在称量蜡块重量时必须要用到。推荐使用数字式厨房用天平。

d. 温度计

温度控制可以说是香熏蜡片手工艺中的关键。用数字式温度计可以更方便地进行精确的温度控制。

e. 打孔针

用于在香熏蜡片上打孔。如果没有打孔针也可以用一次性筷子替代。

f. 镊子

用于在香熏蜡片上摆放干花等点缀材料。由于摆放装饰材料必须要迅速 (参考第 25 页)，因此要准备一副使用顺手的镊子。

g. 量勺

用于在香熏蜡片上添加香料 (参考第 38 页) 时使用。不可使用烹饪用的勺子，一定要使用专门的用具。

h. 竹签

在制作小型作品时可以很方便地进行打孔。

i. 一次性筷子

在熔蜡锅中熔化蜡片或者加入颜料 (参考第 34 页)、染料时用于搅拌混合。使用过程中很容易弄脏，因此选择一次性筷子会更加便捷。

j. 剪刀

将干花或者小树枝等点缀素材截成适合作品大小的尺寸时使用。请准备一把专用的剪刀。

k. 美工刀

作品中需要用模型纸时要用到美工刀。可用来裁切方格纸，或者调整凝固蜡片的形状。

l. 烤盘纸

用作灌注蜡油的临时工作台。蜡在凝固之后也可以从烤盘纸上分离开来，因此多余的蜡可以循环利用。

m. 热风器

可以从五金店或者网店购买。在蜡块凝固后可以用热风器加热使其略微熔化，从而实现精细的调整。热风器可以达到 300 ~ 500℃，因此在使用时要充分采取防止烫伤的措施，比如戴上手套等。特别要注意的是不能触摸热风的喷出口。

原料 1

蜡

本书中介绍的作品在制作过程中使用了9种不同的蜡。
不同的作品所使用的蜡的种类也不一样。

石蜡（135°F）

制作蜡烛最常用的原料。石蜡既有如图所示呈块状的，也有片状的。因为石蜡具有容易吸附气味的特性，因此在保存时注意与香料分开。

从石油中提炼 / 熔点 58℃

石蜡（115°F）

同属于石蜡类，但特征为熔点较低。温水即可将其熔化。多呈片状。

从石油中提炼 / 熔点 47℃

大豆蜡

从大豆中提取的蜡。温度超过120℃便发生氧化，所以在加热时要注意。大豆蜡分软硬两种。本书中使用较软的类型。

从植物中提炼 / 熔点 42~58℃

棕榈蜡

从棕榈树的叶子中提取的蜡。其特征为凝固后会出现结晶花纹。是非常受欢迎的天然提取蜡。

从植物中提炼 / 熔点 67℃

PALVAX 蜡

特征为凝固后会变得像树脂一般坚硬。适合用于制作立体造型。图示的块状最为常见。

从石油中提炼 / 熔点 65℃

蜜蜡

从蜂巢中分离出来的天然蜡。本书中使用的是漂白后的蜜蜡。既有图示的颗粒状，也有薄片状。

从植物中提炼 / 熔点 63℃

微晶蜡
（较软类型）

特征为黏性强、伸缩性好。不易氧化，且较耐热和耐紫外线。由于多为图示的固态状，因此需用刀等进行切削后使用。在本书的配方中标记为"软微晶"。

从石油中提炼 / 熔点 77℃

Vybar 蜡

这种蜡不能单独使用，通常与石蜡混合使用。

从石油中提炼 / 熔点 67℃

果冻蜡

顾名思义，这种蜡质地像凝胶一般软。其特征为凝聚后，也能用手轻轻掰开。

从石油中提炼 / 熔点 70~90℃

注意！

蜡的燃点

绝大多数蜡在 200～250℃ 温度下会发生燃烧。在使用时要十分小心。此外，温度超过 150℃ 就会产生烟雾。这时蜡的品质已经开始劣化。

点缀素材

点缀素材是决定作品格调的关键。

接下来，我们会对本章开头提到的基础香熏蜡片中用到的 3 种素材进行介绍。

Botanical 植物系

植物系素材与生俱来的自然美就是它的魅力。

这类素材主要有干燥后的花瓣和果实，其具有的香味也能为作品添彩。

上排左边起：迷迭香、胡椒果（绿）、干橙片、干苹果片、肉桂皮。

下排左边起：玛格丽特（干花）、胡椒果（红）、胡椒果（粉色）、手指柠檬叶片、玛格丽特（干花）。

Flowery 花草系

如果希望烘托女性特有的魅力，则艳丽的花瓣是不二选择。
永生花或者干花非常合适。

上排从左起：牛至（干花）、蓝色绣球（永生花）、翠绿色绣球（永生花）。

中排从左起：金丝雀藤（音亦，译者注）草（永生花）、千日红（干花）、蓝紫色绣球（永生花）。

下排从左起：白色绣球（永生花）、勿忘我（干花）、翠雀花（干花）、千日红（干花）。

Natural 自然系

在森林或者原野中偶然拾得的素材也可以用在香熏蜡片上。
这也是一种定格珍贵回忆的方式。

上排从左起：橡果、枫香果、松塔

下排从左起：小树枝、狗尾草、黑莓（干花）、冬青树叶

小贴士

细绳

将香熏蜡片吊挂起来时，细绳必不可少。颜色材质不限。还可以根据蜡片中点缀素材的风格来进行搭配。

 开始!

尝试一下简单的香熏蜡片制作

在这里将要介绍最简单的基础香熏蜡片的配方。
让浪漫的熏香伴随着我们开始手工艺制作吧。

第一步　选择素材

首先，我们要在脑海里对想要创作的作品进行构思。越是简单的作品，其风格越会因为点缀素材的种类而不同。

素材的组合有无限可能

在本书收录的作品中，没有任何一种是读者非遵循不可的。香熏蜡片制作时具有很大的创作空间，这也是其独特的魅力之一。创作独一无二的作品也是一种享受。

挑选同色系的素材是原则

或许有人觉得香熏蜡片的制作过程非常有意思，但总因为无法成功而苦恼。问题可能出在素材的选择上。使用五彩纷呈的素材制作的作品确实漂亮，但把握好色彩的选择需要一定的经验。对初学者来说，不会失败的诀窍就是"选择同系色彩的素材"。对于同样使用了永生花的作品，右边的作品选用了冷色系的素材，而左边的作品选用了暖色系的素材，这样就让作品产生了很好的统一感。

小贴士

素材的风格要统一

在选择素材的时候还有一点需要注意，素材风格的统一很重要。基本原则就是本书开头介绍的"植物系"、"花草系"和"自然系"等3种风格只要不在同一香熏蜡片中混搭，基本就不会失败。如果读者还在为素材的选择而苦恼，那么不妨一试哦。

开始前的准备最为关键。无论我们想创作什么样的作品，首先动手将效果图构思出来。

开始前一定要制作效果图

从第 26 页起，我们将真正开始介绍香熏蜡片的制作方法，不过在此之前，让我们仔细构思想要创作的作品。如果我们在制作时太过于随意，对作品没有清晰的构思，在素材的布局搭配上肯定会受挫。香熏蜡片需要在蜡凝固之前就将点缀用的素材摆放完成。如果这时动作迟缓，则蜡很快就凝固成形而错失良机。迅速摆放素材很关键，所以首先我们要根据素材布局，将作品准确地构思出来。如果在这一步上偷懒了，最后的作品与事先所想的一定会相去甚远。

制作前　　　　　　制作前　　　　　　制作前

完成！　　　　　　完成！　　　　　　完成！

成功与失败示例

两个示例都使用了同样的点缀素材。如果事先没有构思好效果图，失败是显而易见的。

成功

失败

牛至花完美地分布在中央。

在蜡即将凝固的时候慌忙摆放素材的失败示例。

成功

失败

雏菊和红胡椒果优雅地排列在一起。

点缀素材全都被蜡覆盖的失败示例。

小提示

素材的摆放一定要在完全凝固之前完成！

上面的雏菊香熏蜡片的失败示例是因为在蜡还没开始凝固就摆放了点缀素材。这样一来素材就无法停留在蜡的表面，精心准备的素材以被蜡完全覆盖而告终。

香熏蜡片的基本制作方法

以下介绍最简单的香熏蜡片的制作方法。属于第12页中介绍的
"植物系"。

\<材料\>
PM5调和蜡 …… 50g
（石蜡135°F 47g，软微晶3g）
颜料 …… 白色、香草色
香料 …… 橙子
干橙子、红胡椒果、竹柏树枝（浸蜡处理后）

\<工具\>
基本的工具（参考第16页）
硅胶模（长方形）

1 在长方形的硅胶模中将素材排列
好，制作作品的效果图。

2 备好白色与香草色的颜料。

3 将蜡加热熔化，并加入一小粒白
色颜料进行搅拌。

4 再加入一小粒香草色颜料。

5 一边留意两种颜色的色彩平衡，
一边用温度计或者一次性筷子进
行搅拌。一点点增加颜料，直至
调节到自己喜欢的颜色。

6 将蜡的温度冷却到70℃以下。

7 加入香料。

8 将蜡加热到85℃以上。

9 将蜡从锅中直接注入硅胶模中。

10 在蜡的旁边，按照步骤1中构思好的效果图将素材摆好。摆好素材以便于后面的工序更加方便。

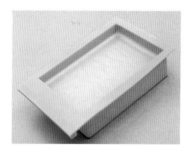

11 等蜡的四周出现白色的凝块，表面出现薄膜状。

12 迅速将点缀素材排列好。

13 刚摆上第2片素材后的样子。

14 摆好所有素材，进行微调，然后静置冷凝。

15 当蜡凝固到硬度与羊羹相当时，用一次性筷子或者打孔针打上孔，大功告成。

制作时的关键事项

接下来要介绍"植物系"、"花草系"和"自然系"3 种基本的香熏蜡片
制作时的关键事项。

$\mathcal{B}$otanical 植物系

 为了防止干花生虫，要进行浸蜡（涂蜡）处理。

浸蜡处理的方法

1 将石蜡加热到100℃，将其熔化。

2 用镊子夹住要使用的干花素材。

3 然后将素材直接浸到熔蜡锅里。

4 马上将其取出，在干花表面会有薄薄的蜡附着。

5 对其他的素材也用相同的方式浸蜡处理。

6 将素材从熔蜡锅中取出后放在烤盘纸上晾干。通过在蜡中浸润，增加硬度，可以防止虫害。

Flowery 花草系

 在使用干花的时候，也不要忘了进行第 28 页所介绍的浸蜡处理。

 永生花的色彩不同于花本来的色彩，而是经过染色或者脱色处理的素材。
如果过多地使用颜色过于浓艳的永生花，就容易给人留下过于艳丽的印象，所以要控制数量。

Natural 自然系

 地上捡来的素材一定要进行消毒。

 野花等要干燥之后才能用。

小贴士

拾到的素材的消毒方法

有些树的果实看上去很干净，实际上里面可能有虫子。在使用前一定要煮沸消毒。而带有孔洞的素材生虫子的可能性尤其大。除此之外，对于野草或者小树枝，要清洗干净后晒干。使用了还残留着水分的素材，是造成作品劣化的原因。

小专栏

用各种物件来点缀

可以作为香熏蜡片素材的物品

没有经过干燥的鲜活植物不可以用在香熏蜡片上。
塑料、纸等这些点缀素材的使用可以收到意外的效果。

Doll

小玩偶

树脂制作的松鼠、小白熊胸针、磁铁制作的黑猫、陶瓷制作的小马……这些都是指头大小的小装饰物件。不论什么素材都可以用在香熏蜡片作品中。

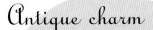

Antique charm

复古吊坠

略带沧桑感的复古吊坠可以为作品增添韵味。这里使用的是日本昭和年代用在学生制服上的字母挂坠。

Button

纽扣

古董商店中可以找到的纽扣。背面有凸起的类型更容易镶嵌在蜡中，推荐使用。

糕点小插牌

如果想给作品增添一点流行元素，或者要直接留言的话，糕点上常用的小插排就能派上用场。摄影用的小插牌道具也完全可以。

Pick

Paper & Cloth

纸片和布片

纸片和布片的使用，或许不少人会觉得惊讶，其实香熏蜡片不用点燃，所以可以用纸等物品进行点缀。外国的车票，或者别有情趣的古董邮票、蕾丝垫片等都可以使用。橡皮筋上的小发卡等，取下来之后也是很好的素材。

Ore & Sea glass

矿石和海玻璃

时下流行的矿石如果尺寸小，也可以用作素材。海玻璃如果和贝壳等一起使用的话，更能烘托出夏天的感觉。

第2章
色香俱全的香熏蜡片

香熏蜡片的魅力，说到底在于作品极高的自由度。在色彩和香熏的选择上完全没有任何条条框框。在这一章，我们一起来学习从色彩搭配到香熏搭配的方法。

使用颜料进行着色

几乎所有的蜡都是透明或者略微泛白，因此如果要根据喜好
调色的话就要用到颜料或者染料。

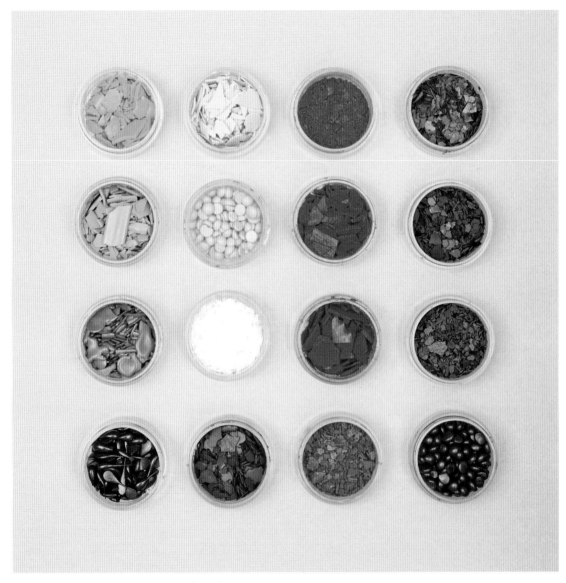

最左列：从上往下依次为荧光绿、浅绿、绿色、黑色。
左数第二列：从上往下依次为荧光黄、黄色、白色、粉色。
右数第二列：从上往下依次为浅玫瑰色、荧光粉、红色、香草色。
最右列：从上往下依次为青绿色、淡蓝色、灰褐色、蓝色。

颜料

本书中使用的都是市面上流通的制作蜡烛用的颜料。颜料形状不一，有片状、颗粒状或者粉末状等。这里介绍的仅仅是一小部分，读者们可以选择自己喜欢的颜色。将颜料融入蜡中就可以进行着色。如果添加颜料时温度低于80℃，则染色效果可能不理想，或者颜料无法熔化从而造成着色不均匀。

上图为左边的颜料在蜡中熔化并凝固后的色彩样本。

使用染料进行着色

如果希望着色后比颜料更具有通透感，那么可以选择染料。

左列：从上到下依次为巧克力棕褐色、乳棕色、淡紫色。
右列：从上到下依次为水鸭绿、白色、柠檬黄。

染料

染料是指可以溶解在水等溶剂中进行着色的有色物质。绝大多数染料都是块状固体，使用的时候要用刀片等进行切割。染料的特点是色彩通透，容易与蜡进行混合，所以在调节色彩或者制作大理石纹样的作品时使用很便利。

着色技巧

① 颜料

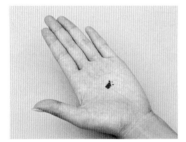

1　为了避免色彩过浓，首先选取少量的颜料放入掌心。

2　在熔蜡锅中，放入步骤1中选取的颜料。

3　加入颜料后，用一次性筷子等进行搅拌，并观察整体的色彩感觉。逐渐少许添加颜料，调节色彩。

② 染料

1　事先在工作台上将染料削成小块，使用起来更方便。

2　在熔蜡锅中，放入步骤1中准备的染料。如果量不够，则要暂停加热，然后将蜡块直接削入锅中。

3　充分搅拌并完成色彩调节后的效果。

熏香

为蜡片增添熏香

香熏蜡片制作中最关键的一环就是熏香。
要根据自己的喜好以及作品的调性来进行选择。

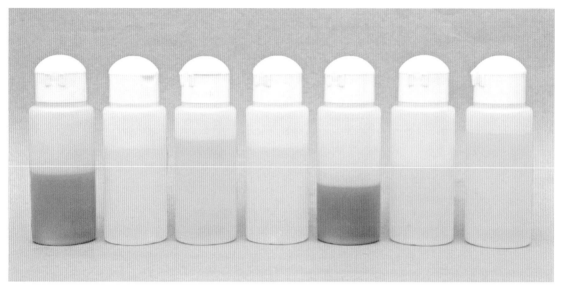

从左起：香草、鸡蛋花、檀香、柠檬香茅、薰衣草、杜松、樱花。

香熏蜡片中使用的是"香熏油"

提到熏香，大家首先会想到香熏油或者精油。本书中使用的就是前者——香熏油。它与100%纯天然的精油不同，香味的功能性较差，但特点是香味持久。

香熏油使用量设定为每件作品5%~8%

5~8%

在本书中，香精的使用量定为蜡总量的5%～8%，并根据不同作品使用的蜡的种类来进行调节。如果采用这种配比，则香味适中，不浓不淡，可以持续一年左右。

小提示

对香味过于敏感的人在制作中要注意通风！

虽然香熏油的气味很好闻，但是有的人可能会觉得香味过于浓烈而造成身体不适。尤其是在当香料加入很热的蜡中时，香味会更加浓烈。有的人会觉得身体不舒服，所以在制作过程中一定要注意良好的通风。

根据不同场合
推荐不同种类的香料

现在人们可以接触到的香料种类非常丰富。
要根据场合来选择香料的类型。

馈赠佳品
香花系

玫瑰

玫瑰的香味没有人不喜欢。放在迎客的玄关处，或者作为礼物馈赠都非常合适。希望提升女性魅力的人更会爱不释手。玫瑰香味的蜡片和其他香味很容易搭配，因此也可以和其他香熏蜡片一同赠予他人。

鸡蛋花

鸡蛋花原产于夏威夷和巴厘岛。这种花香味甜蜜馥郁且清爽宜人，让人联想到南国的度假胜地。沉醉在这种度假胜地的氛围中，身心倍感轻松。优雅的花香也被认为可以给人带来幸福。

樱花

不仅在日本，樱花作为春之花在世界范围内都深受喜爱。作为春季馈赠佳品再合适不过。如果把蜡片形状做成第64页介绍的作品那样的樱花形状，作为礼物会更加特别。

草莓

或许有人觉得草莓略带酸甜的香味稍显稚气而敬而远之，然而为之着迷的也大有人在。如第52页所介绍的那样，在制作草莓形状的香熏蜡片时一定要试一下这种香料。

适合放在衣橱这类收纳中的

清爽系

柠檬香茅

常见于亚洲菜肴尤其是泰国菜中的一种香草。香味比柠檬更加清爽，也经常用于驱蚊。适合放在收纳西服的衣柜或者厨房、卫生间等地方。

尤加利

尤加利叶作为考拉的食物而出名，它的香味也非常强烈且富有魅力。在花粉症的发病期将其碾碎敷上还可以起到通畅鼻子的效果。可以用于制作提神的香熏蜡片。

柠檬

在柑橘系的香料中最具代表性的类别。如果想要提高集中力和活力，它是不二选择。如果放置在洽谈场所、办公室等地方，说不定会收到奇效。

胡椒薄荷

胡椒薄荷经常和水果等进行搭配。薄荷醇的香味让人头脑清晰，最为静心怡神。想要提神醒脑时不妨一试。放在厨房、卫生间等地方容易给人留下美好印象。

西柚

与柠檬一样，都是柑橘系的代表香料。相比柠檬略有苦涩，感觉更加成熟。这种香味与甜馥的香花系蜡片容易搭配。

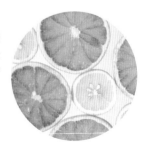

没有性别差异的
自然系

苹果
苹果的香味融合了水果的甘甜，具有清新爽快之感。即使不太习惯香料的人也很容易接受，是一种广受好评的香料。

芒果
芒果的甜酸香味会让人联想到爽滑甜美的果肉。这种香味带有南国风情，不分男女广受欢迎。如果想要创作充满浓郁果香的作品，请不要错过。

肉桂
肉桂在制作糕点的素材中很常见。在基本香熏蜡片中被用于"植物系"的主题中。这种香料能让你体验到神秘、独特的药草香。

放在枕边、卧室中的
轻松系

薰衣草
薰衣草是一种常见的、被认为具有安神效果的药草。让人欣慰的是薰衣草很容易找到。用它制作自己喜欢的香熏蜡片，放在枕边感受一下吧。

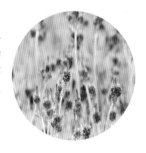

迷迭香
香味很干净。可以食用，也可以入药，其独特的药草香能让私密空间蜕变为让人身心轻松的空间。

香草
香草冰激凌中甜甜的香草味大家都很熟悉了。这种香味似曾相识，在不经意间让人放松下来。

第3章

不同外形的香熏蜡片

前面介绍的基本香熏蜡片都是呈长方形或者椭圆形等规则形状。其实，蜡片也可以做成任意各种形状。本章将从成型方法（工具）上来介绍其中的技巧。

形状 1

不锈钢盘

这种工具在将蜡做成层状时很适用。如果同时准备了大、小尺寸，效果将更好。

不锈钢盘是什么

在烹调器具中经常见到，相信很多人都见过。特别适合用于将蜡凝固成大块的平面。此外，Fiancier 蛋糕的模具以及玛德琳蛋糕的模具都可以直接用作香熏蜡片的模具。

也可用硅胶盘替代。

使用不锈钢盘时不要忘记涂抹"脱模剂"

为了让蜡在凝固后可以更顺利地取出来，脱模剂必不可少。在使用不锈钢盘之前，要使用喷雾型的脱模剂喷在钢盘上。

使用后的清洁方法

蜡一旦凝固后就很难去除污渍。因此要养成使用钢盘后进行清洁的习惯。

1 用热风器烘烤不锈钢盘，将残留的蜡熔化。

2 用卫生纸等将不锈钢盘擦拭干净。

小贴士

蜡的用量基准

在本书介绍的配方中，针对每个作品都分别说明了蜡的用量基准。如果把握好一个钢盘或硅胶模所需要的蜡的大致用量，制作前的准备工作将会变得更加轻松。

要点

需要的量通过水来度量

蜡和水的比重基本相当。如果在硅胶模或者钢盘中注入与预期相同深度的水，蜡的用量就可以计算出来。如果想要准确计算体积，则可以根据长×宽×深度来进行。

粉色长方形
硅胶模
（长8cm×宽5cm）
约40～50g

约40~50g

绿色
椭圆形硅胶模
（长10cm×宽7cm）
约60～80g

约60~80g

狭长不锈钢盘
（长20cm×宽10cm）
约100g

约100g

不锈钢盘
（长20cm×宽14cm）
约150g

约150g

橘红色硅胶模
（长28cm×宽28cm）
约150g

约150g

＊深度的基准为0.2～2cm。蜡的用量可以根据想要制作的蜡片的厚度进行调整。

形状 2

饼干形

蜡片可以容易地做成自己喜欢的形状。
制作步骤和真正的饼干非常相似。来体验一下制作的乐趣吧。

使用刺桂树叶的饼干模具
做好的圣诞香熏蜡片挂坠
（参考第90页）

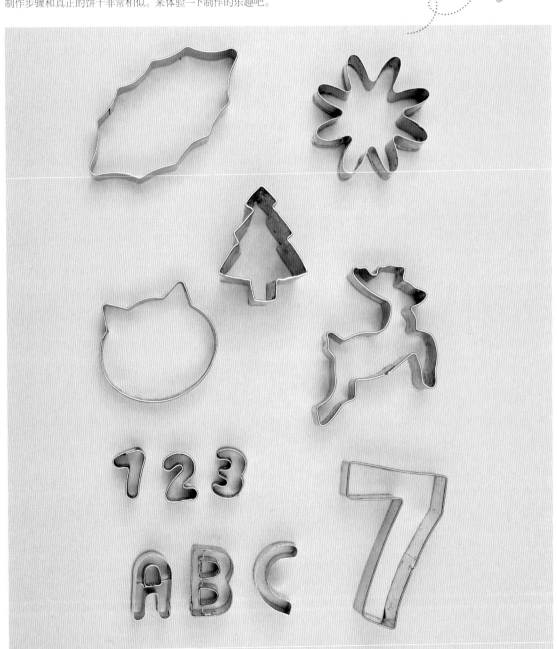

塑料制品也 OK

饼干的模具既有第 45 页中介绍的传统不锈钢制品，也有右图所示的塑料制品。白色的为糖花模具，可以翻出纤细漂亮的形状来。

与钢盘配合使用

Complete!

1 将蜡注入不锈钢盘中，冷却到硬度与羊羹相当。

2 在上面按压饼干模具。如果蜡块凝固过度，饼干模具就压不动了，因此把握好硬度是关键。

使用结束后的清洁方法

饼干模具也要和不锈钢盘一样，使用完毕后要有清洁的习惯。不锈钢制品、塑料制品都可以用热风器稍微烤一下将残余的蜡熔化掉，也可以在温水中清洗，然后用卫生纸擦拭干净。

形状 3

硅胶模

市面上的糕点用硅胶模也可以用来制作香熏蜡片。
模具的类型各式各样，不妨都试一试。

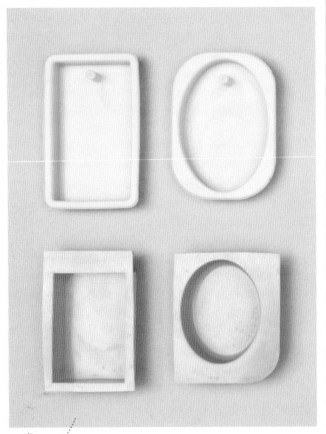

使用长方形硅胶模制成
的基本款香熏蜡片（第
26 页）、使用椭圆形硅胶
模制成的海之香熏蜡片
（第 72 页）。

使用后的清洁方法

硅胶模的特性是比不锈钢制品更易
脏，要仔细清洁。

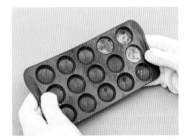

1　使用过的硅胶模，多处有蜡的
　　残留。

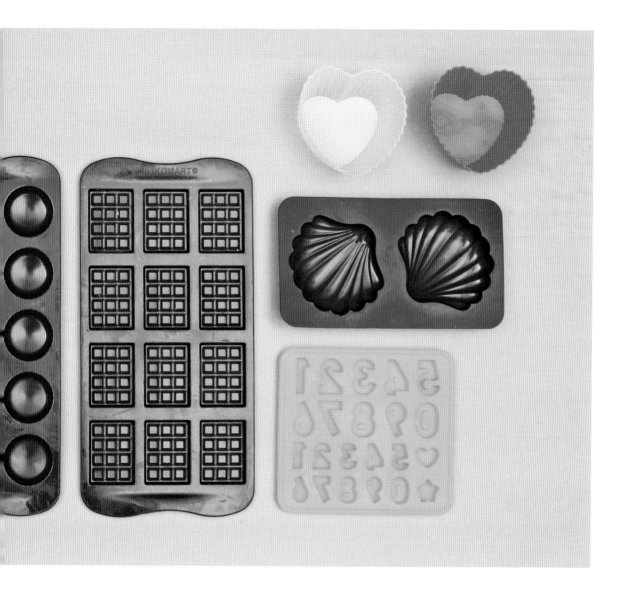

2 一手握着卫生纸，一手拿着热风器吹。

3 用卫生纸迅速擦拭污渍。

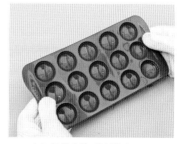

4 全部清洁完毕后的样子。

形状 4

制作原创的硅胶模

在市面上没有找到自己心仪形状的硅胶模具怎么办?
这种时候,可以尝试一下自己制作硅胶模具!

比想象要简单!
一定要掌握的技巧

用硅胶来制作模具,听起来会觉得一定需要
高超的技巧。其实基本上和制作香熏蜡片相
同,也就是注入液体然后凝固的操作罢了。原
创的模具和市面上购买的一样都可以重复使
用,很方便。

需要准备的物品

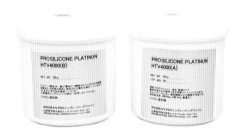

硅胶剂
使用 2 种硅胶剂混合。在本书中使用的是 Engraving
Japan 公司生产的硅胶剂 A、B 按照 1:1 的比例混合
使用。从填充硅胶剂的容器的重量里减去倒模的物品
(瓶子等)的重量,就得到硅胶剂的用量,也不妨多准
备一些。

硅胶脱模剂
脱模剂用毛刷涂覆在倒
模用的物品上。

黏土
粘贴在硅胶模底部,防
止硅胶流出。

草莓模

<材料>
市面上出售的新鲜草莓
硅胶剂（约40g）
黏土

<工具>
天平、纸杯、剪刀、美工刀

1 准备一颗草莓。由于要用于制作模具，所以尽可能选择外形漂亮的草莓。

2 在纸杯的底部铺上黏土。

3 将草莓放置在黏土之上。

4 准备好两种硅胶剂，充分搅拌。

5 在步骤3的纸杯中注入硅胶剂。

6 硅胶剂注入到浸没草莓为止。

7 当硅胶剂完全凝固后, 用剪刀将纸杯剪开小口。

8 绕着纸杯将其撕开。

9 剥离杯底的黏土。

10 用美工刀从硅胶的上部切开。

11 沿着切口分开硅胶, 将其中的草莓剥离出来。

使用示例
草莓香熏蜡片

通过以上步骤制成的迷你雪洞一般的硅胶模。将染红的蜡注入硅胶模后就能制成逼真的草莓香熏蜡片, 连表面上的一粒粒种子都得到了真实再现。

饼干模

<材料>
市面上购买的饼干
硅胶剂（约200g）
黏土

<道具>
不锈钢盘（预先涂抹脱模剂）
天平
擀面杖

1　先准备好2块饼干以及不锈钢盘。

2　准备好黏土。

3　用擀面杖将黏土擀平。

4　在不锈钢盘的底部铺满黏土。

5　将2块饼干并排镶嵌在黏土上，注意不要把饼干挤碎。

6　准备好两种硅胶剂，充分搅拌。

7　在步骤5的饼干之上注入硅胶剂。

8　硅胶剂注入到浸没饼干为止。

9　硅胶剂完全凝固后，将其从不锈钢盘中取出。翻转，然后将黏土剥离。

10　将饼干轻轻取出。

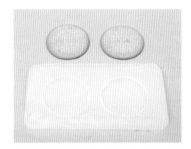

11　将2块饼干取出后的样子。这样就大功告成了。

使用示例

饼干香熏蜡片

将染成米黄色的蜡注入模具后就能制成逼真的饼干香熏蜡片。连饼干上的花纹和雕刻的文字都能清晰再现。

香水瓶模

<材料>
市面上出售的香水(玻璃瓶与塑料瓶皆可)
硅胶剂(约400g)
硅胶脱模剂
黏土

<工具>
天平、方格纸、小毛刷、胶带、美工刀、乐高积木块

1　准备好香水瓶,将其放置在方格纸上。在方格纸上画一圈比瓶底稍大的记号。

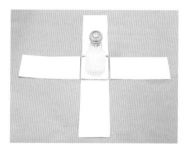

2　同样地,参照香水瓶的高度在方格纸上画好线,按照瓶子能放入的大小制作小箱的展开图。

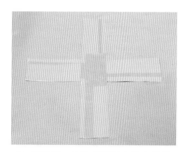

3　在步骤2中的方格纸上贴上胶带,将5个部件连接起来。

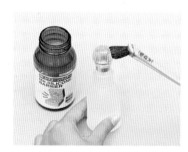

4　用小毛刷在香水瓶上涂上脱模剂。

5　将步骤3中的纸箱组装起来,在底部铺上黏土,然后放入香水瓶。

6　在注入硅胶前,用乐高积木等将箱子围起来。注入硅胶后,方格纸箱会发生膨胀,用此方法可防止变形。

7　准备好两种硅胶剂，充分搅拌。

8　将硅胶剂注入步骤6中的纸箱中。

9　硅胶剂注入到刚好没过香水瓶时的样子。

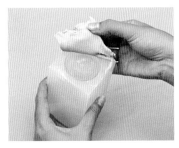

10　硅胶完全凝固后，拆开乐高积木并将底面的黏土剥离下来。

11　用美工刀从瓶子底面将硅胶模切开。

12　在另一侧也进行切割，将硅胶模切成两半，模具制作完成。

使用示例
香水瓶形状的香熏蜡片

由于硅胶模具比较高，而且被切成了两半，所以在注入硅胶之前，要先按照图示的样子，用橡皮筋等将模具绑好。除此之外，还可以利用指甲油的小瓶等制作可爱的作品。

英文字母模

<材料>
市面上出售的字母小块(木制)
硅胶剂(约400g)
硅胶脱模剂
黏土

<工具>
天平、方格纸、小毛刷、胶带、擀面杖、美工刀

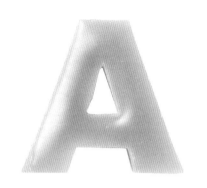

1 准备好字母小块。

2 将字母平放在方格纸上,然后在纸上画一圈比字母稍大的四边形。

3 同样地,参照字母小块的高度,在方格纸上画上记号。

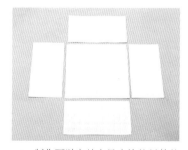

4 制作可以容纳字母小块的纸箱的展开图。

5 在步骤4中的方格纸上贴上胶带,将5个部件连接起来。

6 准备好黏土。

7 将黏土擀平。

8 将步骤7中擀平的黏土放到步骤5中的纸箱的底面上。

9 参照底面的形状，用美工刀将多余的黏土切掉。

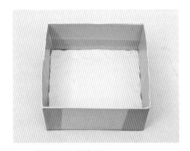

10 将纸箱组装起来。

11 用小毛刷在字母小块上涂上硅胶脱模剂。

12 将字母小块放入纸箱，并按压使其镶嵌到箱子底面的黏土中。

13 准备硅胶剂。

14 慢慢添加两种硅胶剂，并充分搅拌混匀。

15 将硅胶剂注入纸箱。

16 硅胶剂填满纸箱的样子。

17 当硅胶剂完全凝固后，将纸箱边缘的胶带撕下，然后将硅胶取出。

18 将底面的黏土从四周剥离。

19 从背面挤压，将字母小块的下半部分取出。

20 用类似方法将上半部分取出。

21 将字母完整取出后的样子。左侧为做好的硅胶模。

使用示例
英文字母的香熏蜡片

绿松石染料着色后的字母形香熏蜡片。还可以将很多字母连起来，传递留言。在字母上点缀以花瓣或绿叶等效果更不错哦。

第4章
四季香熏蜡片

我们可以通过香熏蜡片将四季的缤纷色彩表现出来。它们能让人感受春天的芬芳，也能让人感受盛夏中的清凉。书中还包含了一些绝妙的创意，可以为秋天和冬天的盛会增彩。

$\mathscr{S}$pring 春

樱花之香熏蜡片

樱花，可谓是春天的代名词。
如果选用樱花香熏油作为香料，
樱花之美与樱花之香都不会错过。
还可在玄关之前悠然闲适地用它
作点缀，以悦宾客。

樱花之香熏蜡片

<材料>
PM5混合蜡 …… 60g
（石蜡135°F 57g，微晶蜡3g）
颜料 …… 浅玫瑰色
香料 …… 樱花香熏油（8%、5ml）

<工具>
基本工具（参考第16页）
不锈钢盘（事先涂覆脱模剂）
樱花形状的饼干模具

1 准备好浅玫瑰色的颜料。

2 准备好蜡，用电磁炉将其熔化。
制备混合蜡时将熔点较高的微晶
蜡放在熔蜡锅的下层，与石蜡一
同熔化。

3 加入一小勺浅玫瑰色的颜料。

4 一边留意颜色的平衡，一边用一
次性筷子搅拌。添加少许颜料，
调节至想要的颜色。

5 将蜡的温度冷却到70℃以下。

6 注入樱花香熏油。

7 将蜡加热至85℃以上。

8 将蜡从熔蜡锅直接倒入不锈钢盘中。

9 将蜡冷凝到硬度与羊羹相当。可以用手指按压来进行确认。

10 准备好樱花形状的饼干模具。

11 用饼干模具在已经凝固的蜡中按压。

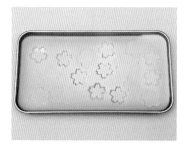

12 在蜡中均匀按压上模具轮廓后的样子。

13 等待蜡块完全凝固。然后握住钢盘的对角线并将其扭折，使蜡与钢盘分离。

14 将钢盘翻转并在左手上摊开，因为事先涂覆了脱模剂，所以很简单就能取出蜡块。

15 用手指从上往下按压，取出樱花形状的蜡片，制作完成。

$\mathcal{S}$pring 春

浆果为蜡片增色

在五颜六色的锡罐中点缀着草莓
形状的香熏蜡片。
宛如迷你的花束般，华丽的感觉
呼之欲出。

浆果为蜡片增色

<材料>
大豆蜡 …… 100g
金丝雀蔄草、满天星、绣球花2种（永生花）
玛格丽特（干花）
草莓形状香熏蜡片
香料 …… 草莓香熏油（8%、8ml）
锡罐

【草莓形状香熏蜡片】
PM5混合蜡 …… 6g
（石蜡135°F5g、微晶蜡1g）
颜料 …… 红色
香料 …… 草莓香熏油（8%、0.5ml）

<工具>
基本工具（参考第16页）
草莓形状的硅胶模（参考第52页）
＊也可以用现成的硅胶模替代。

1 准备好锡罐。先按照第66页的步骤，将蜡注入模具中，做好草莓形状的香熏蜡片。

2 将素材放入锡罐中，制作完成效果图。

3 准备蜡块，用电磁炉熔化。

4 将蜡加热到50℃。

5 加入草莓香熏油。

6 将蜡的温度调节到45℃左右。

7 将蜡从熔蜡锅直接倒入锡罐中。

8 蜡注入后的样子,将蜡冷凝至白色固体状。

9 蜡凝固后,将事先做好的草莓香熏蜡片放上去。

10 用镊子将玛格丽特干花摆好。

11 放上绣球花的永生花(照片中为蓝色花瓣)。

12 放上另一种绣球花的永生花(照片为白色花瓣)。

13 放上金丝雀鹬草的永生花。

14 最后放上满天星的永生花。

15 对整体进行微调,大功告成。

$\mathcal{S}$ummer 夏

海之香熏蜡片

在晶莹剔透的棕榈蜡的基底上，点缀以海洋
的素材，制成海之香熏蜡片。
为夏季的衣橱增添一抹清凉。

海之香熏蜡片

<材料>
棕榈蜡 …… 80g
颜料 …… 绿松石色
香料 …… 大溪地兰花香熏油（8%、7ml）
几种贝壳、海星、沙滩石

<工具>
基本工具（参考第16页）
椭圆形的硅胶模

1 将素材摆放在硅胶模的旁边，制作效果图。

2 准备绿松石色的颜料。

3 准备好蜡块，将其熔化。

4 在熔化后的蜡中加入一小勺颜料，调节色彩感觉，然后将蜡冷却到70℃以下。

5 加入大溪地兰花香熏油。

6 将蜡加热到90℃。

7 将蜡从融蜡锅直接倒入硅胶模中。

8 棕榈蜡在稍加冷凝后表面会出现一层结晶状的薄膜。

9 当出现8中的薄膜后，摆放最下层的素材。

10 迅速摆放其他素材。

11 用镊子摆放细小的部分。

12 所有素材摆放完毕后的样子。

13 从上部用热风枪轻吹，让点缀素材和蜡结合得更牢固。

14 完全凝固后的蜡片会呈现淡蓝色。用双手握住硅胶模的对角线并轻轻拧动，将蜡片取出。

15 从硅胶模中取出，并穿上细绳，制作完成。

$\mathcal{S}$ummer 夏

贝壳之香熏蜡片

把香熏蜡片放在贝壳的实物上冷凝，
铺开一片迷你的沙滩。
掰碎的蜡片，会不会让你想起如雪
的海浪呢?

贝壳之香熏蜡片

<材料>
果冻蜡 …… 50g
颜料 …… 荧光黄、荧光绿、绿松石色
香料 …… 椰子香熏油（8%、4ml）
几种贝壳片、珍珠、牛至草、胡椒果（已经过浸蜡处理）
虾夷扇贝的贝壳

<工具>
基本工具（参考第16页）

1 将素材摆放在贝壳上，制作效果图。

2 准备好荧光黄、荧光绿以及绿松石色的颜料。

3 用电磁炉将准备好的蜡块熔化。

4 在熔化后的蜡中加入3种颜料各少许，调节色彩感觉。

5 将蜡加热到120℃。

6 加入椰子香熏油。

7 将蜡的温度调节到110℃左右，然后从熔蜡锅直接倒入贝壳上。

8 蜡全部注入贝壳后的样子。由于果冻蜡凝固速度很快，所以最好先在贝壳周围把素材放好。

9 当蜡稍稍冷凝后，将最下层的素材摆好。

10 大型的素材用手直接摆放。

11 小颗粒的珍珠用镊子仔细摆好。

12 稍稍触摸一下熔蜡锅，确认温度已降低后，握住锅底残留的蜡块往上提，将其从锅中取出。

13 利用果冻蜡的特性，将从锅底取出的蜡块掰成小块。

14 将蜡块掰碎后的样子。这种手法被称作Crush（破碎），是制作蜡烛的工艺之一。

15 用镊子将掰碎后的蜡块摆放在蜡片上营造出微微海浪的样子，制作完成。

秋

Autumn

香熏蜡片的红叶动态艺术

红叶形态的香熏蜡片，纤毫毕现，几乎可以以假乱真。
看上去似乎很难，其实使用模具的话，就连叶脉都可以
简单地再现出来。

$\mathcal{A}utumn$ 秋

万圣节挂饰的香熏蜡片

众友云集的聚会，自然要用与众不同的挂饰来增光添彩。
大理石花纹的星形蜡片将是闪亮的明星。

香熏蜡片的红叶动态艺术

<材料>

【蜡】

- 蜜蜡(漂白类型)……30g
- 石蜡135°F……15g
- 石蜡115°F……15g

染料……勃艮第酒红

香料……肉桂香熏油(8%、5ml)

<工具>

基本工具(参考第16页)

树叶形状的硅胶模

1　准备好现成的树叶形状硅胶模。

2　准备好蜜蜡、石蜡135°F以及石蜡115°F。

3　将3种蜡分别在单独的锅中熔化，然后倒入一个锅中。由于每种蜡的熔点不同，所以必须要分别熔化。

4　将锅从电磁炉上取下，用美工刀将染料切碎投入锅中，慢慢调节色彩感觉。

5　将蜡的温度调节到80℃左右，加入肉桂香料。

6　再将锅放到电磁炉上，将蜡加热到70~75℃，然后把锅拿开。

7 在作业台上铺上烤盘纸,将锅和硅胶模摆开,用勺子将蜡盛出。

8 用勺子的背面将蜡均匀涂抹在硅胶模中。

9 按照同样的方式在另一个硅胶模中涂抹蜡层。

10 将蜡涂好后的样子,然后静置到如图所示的表面稍稍发白的状态。

11 将硅胶模从烤盘纸上剥离开,用双手握住。

12 将两个模具合在一起。双手快速挤压,生成叶脉的纹理。

13 用剪刀将溢出的蜡剪掉。

14 取下一面的模具后的样子。将叶片从模具上取下后,用双手对叶片进行整形。

15 在叶片还比较柔软时,使用筷子打孔以便于穿过细绳。凝固后穿上细绳。

香熏蜡片的红叶动态艺术
~ 双色渐变纹理 ~

<材料>

【蜡】
- 蜜蜡(漂白类型)……30g
- 石蜡135°F……15g
- 石蜡115°F……15g

染料……勃艮第酒红、黄色

香料……肉桂香熏油(8%、5ml)

<工具>

基本工具(参考第16页)

树叶形状的硅胶模

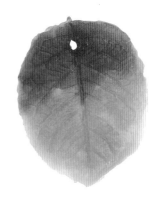

1 按照与第84页相同的方式将蜡熔化，并准备两只锅装不同颜色的蜡。

2 用勺仅将硅胶模的上半部分涂上红色的蜡。

3 对另一半硅胶模也按照同样的方式，用红色的蜡对上半部分进行涂覆。

4 将黄色的蜡涂覆在硅胶模的下半部分。

5 对另一半硅胶模也按照同样的方式，用黄色的蜡对下半部分进行涂覆。

6 涂完蜡后的样子。当表面微微发白时，则按照第85页相同的方式将两半模具合在一起并挤压(后续步骤相同)。

万圣节挂饰的香熏蜡片
～大理石纹理的星形蜡片～

<材料>
PM5混合蜡 …… 150g
（石蜡135°F 143g，微晶蜡7g）
染料 …… 蓝色、黄色
香料 …… 香草香熏油（8%、12ml）

<工具>
基本工具（参考第16页）
不锈钢盘（事先涂覆好脱模剂）
星形的饼干模具

1 准备好蜡块。

2 将染料削成小块，置于作业台上。

3 制作大理石纹理要用到两种染料，多切削一些备用。

4 将备好的蜡熔化，温度调节到100℃，加入香草香熏油。

5 调节蜡温至90℃，然后将蜡直接从熔蜡锅倒入不锈钢盘中。

6 用镊子将切削的染料一块块放入。

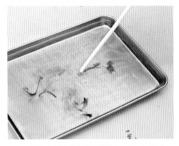

7 用一次性筷子将颜料一点点拌匀。

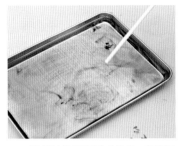

8 搅拌时让颜料形成线条，来表现大理石的纹理。

9 在搅拌过程中，继续切削染料对色彩不足的地方进行补充。

10 重复步骤9，制作大理石纹样。纹样做好后要静置，让其凝固。

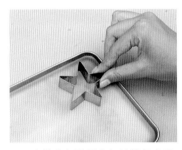

11 当蜡冷却到硬度与羊羹相当后，用星形的饼干模具在上面按压。

12 用打孔针在星星的上部打孔，以便穿过细绳。

13 所有蜡片都打好孔后的样子。

14 蜡块凝固后，将其与不锈钢盘分离（参考第67页）。

15 用手指从上往下按压，将星形的蜡片取出，制作完成（用作装饰时可用细绳等挂起来）。

万圣节挂饰的香熏蜡片
~ 万圣节蛋糕插牌 ~

<材料>

PM5混合蜡 …… 150g

（石蜡135°F 143g、微晶蜡7g）

颜料 …… 橙色（蝙蝠用黑色，鬼怪不用颜料）

香料 …… 香草香熏油（8%、12ml）

<工具>

基本工具（参考第16页）

小硅胶模或者不锈钢盘（事先涂覆脱模剂）

万圣节饼干模具

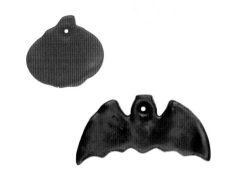

1　准备好万圣节的饼干模具。

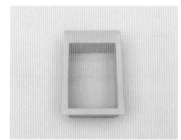

2　准备好足够制作两个南瓜形状香熏蜡片的硅胶模。根据需要准备好其他的饼干模具。

3　将蜡熔化、染色后，加入香草香熏油后注入硅胶模中（参考第87页）。冷凝至硬度与羊羹相当后用饼干在上面按压。

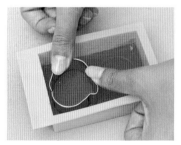

4　如果要做的蜡片数量较少，则可以小硅胶模替代不锈钢盘。双手用力按压。

5　蜡片上按压两次南瓜模具后的样子。

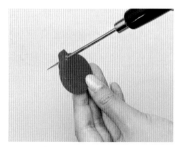

6　蜡片完全凝固后从模具中取出，然后打孔，制作完成。

Winter 冬

圣诞装饰里的香熏蜡片

有着圣诞节色彩的香熏蜡片，异常美丽。
有着金丝光泽的 Vybar 蜡用来制作装饰品，装点圣诞树
再合适不过。

圣诞装饰里的香熏蜡片

<材料>
石蜡 …… 59g
Vybar蜡 …… 1g（添加剂为整体容量的1%）
染料 …… 鲜黄绿色
香料 …… night attraction（8%、5ml）
冬青树叶片
胡椒果（经过浸蜡处理）

<工具>
基本工具（参考第16页）
不锈钢盘（事先涂覆脱模剂）
树叶的饼干模具

1 准备好冬青树叶的饼干模具。将柊树叶与浸蜡处理后的胡椒果放入，制作效果图。

2 准备好蜡块。

3 将两种蜡分别熔化染色后加热到70℃，加入night attraction香熏油。

4 再将蜡加热到85℃。

5 将蜡从熔蜡锅直接倒入不锈钢盘中。

6 在脱模之前，先将素材和饼干模具在蜡块上方排布，确认素材的放置位置。

7 在蜡表面形成薄膜后，用镊子夹住素材放在步骤6中确认过的位置上。

8 当蜡冷凝到硬度与羊羹相当时，参考效果图摆上饼干模具。然后在此位置用两手按压，制作外形。

9 制作好冬青树叶外形后的样子。

10 用打孔针开孔。

11 静置使其完全凝固。凝固后，双手握住钢盘的对角线并弯折，让蜡块与钢盘分离。

12 将钢盘摊在左手上，取出蜡块。

13 用手指从上往下按压，取出冬青树叶形的蜡片，制作完成。用作装饰时穿上细绳。

左侧的白色蜡片没有用染料，中间的红色蜡片使用了勃艮第酒红，与右边的绿色蜡片一样，都使用了各种有意思的点缀素材。

Winter 冬

针织树香熏蜡片

寒冬时节，在家中摆上有着毛衣针织纹理般的针织树香熏蜡片，温暖、熨帖的感觉会油然而生。

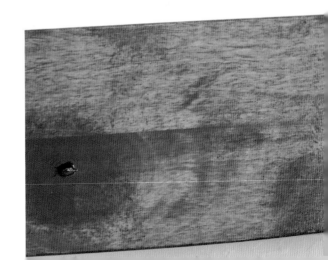

针织树香熏蜡片
~ 简约的灰色 ~

<材料>
PM50混合蜡 …… 2000g
（石蜡135°F 1000g、微晶蜡1000g）
染料 …… 灰色
香料 …… 薰衣草香熏油（8%，160ml）

<工具>
基本工具（参考第16页）
针织纹理的硅胶薄膜
方格纸、胶带

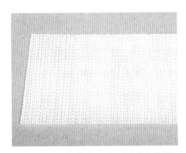

1 准备好带有针织纹理的硅胶薄膜。

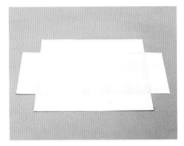

2 按照步骤1中硅胶薄膜的大小，在方格纸上切出图示的形状。为了让完成品能够竖立，纸箱的深度要在2cm以上。

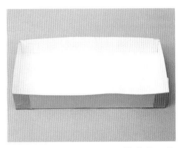

3 组装方格纸，并用胶带粘牢。箱底就有了针织纹理。

4 准备好蜡块。

5 将蜡熔化后，把染料切碎放入。每次加入少许，调节色彩感觉。

6 将蜡加热到70℃。

7 加入薰衣草香熏油。

8 将蜡加热到85℃。

9 将蜡从熔蜡锅直接倒进步骤3中做好的纸箱中。

10 蜡冷凝到硬度与羊羹相当时的样子。在上面铺上画有第99页中形状的方格纸。

11 用美工刀按照方格纸的轮廓刻出树的形状。

12 解开纸箱四周粘贴的胶带。纸箱和蜡会自动分离。

13 在树的上下方用刀各开一个切口。

14 去除多余的蜡。

15 将树取出来，并用美工刀将多余的蜡块削掉，制作完成。

针织树香熏蜡片
~ 为针织树编织一条白色的带子 ~

<材料>

PM50混合蜡 …… 500g

（石蜡135°F 250g，微晶蜡250g）

染料 …… 白色

香料 …… 薰衣草香熏油（8%、40ml）

<工具>

基本工具（参考第16页）

针织纹理的硅胶薄膜、方格纸、胶带、直尺

*使用纸样，与第94页、第95页方法相同。
  请预先制好白色小树的纸样。

1 将烤盘纸在作业台上展开，两端用一次性筷子等物体压住。将制作针织树后剩余的蜡重新加热，用小勺将蜡涂抹在烤盘纸上。

2 当蜡冷凝成片状后，用直尺和美工刀等间距切下四刀。

3 将绳状的蜡一条一条取下来。

4 从上往下，将步骤3中的3条蜡绳编织在一起。编织过程中如果蜡绳凝固，则用卤素加热器或者吹风机对拉绳加热即可。

5 带子编织完成后，在背面涂抹少许残留的蜡。

6 将带子安放在事先做好的针织树上。用剪刀去掉过长的部分，制作完成。

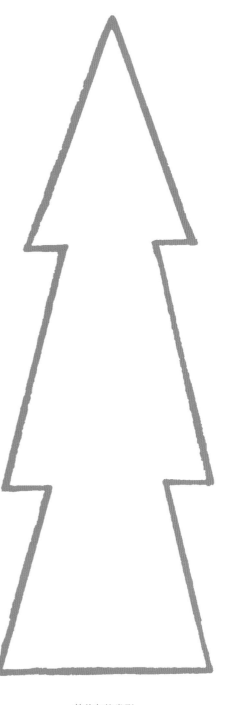

针织树的纸样

在方格纸上描绘好树的轮廓，制成纸样版来使用。这两个样版都是原尺寸。如果深度足够，也可以用自己喜欢的饼干模具替代。

简约灰的类型

有白色编织带的类型

第5章

馈赠重要之人的香熏蜡片

香熏蜡片非常适合用作特殊日子的礼物。
将自己长久以来的感恩之情以及衷心的祝愿蕴含于
香熏蜡片之中，馈赠给重要的人。
自己亲手制作的香熏蜡片，一定会给你的重要之人
的家中增添更多美丽与馨香。

for father & mother

献给父母

蜡片相框

不仅是在父亲节和母亲节，在任何时候都可以作为礼物馈赠。

即使身在天涯，优雅馨香也会飘然而至。

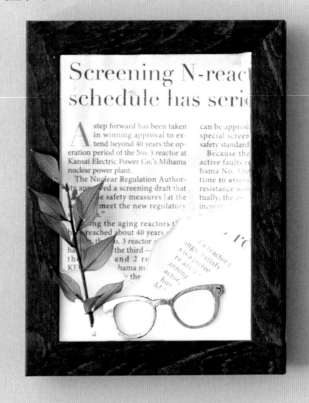

香熏蜡片相框

~ 献给父亲 ~

<材料>
大豆蜡(软型)……30g
香料 …… 迷迭香香熏油(8%、2.5ml)
相框
英文报纸、竹柏树枝、眼镜框

<工具>
基本工具(参考第16页)、防护胶带

1 准备好相框。

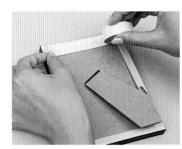

2 在相框的背面贴上防护胶带。

3 在相框的四周都贴上防护胶带。
这样可以防止蜡流到背面。

4 准备好点缀用素材。

5 按照相框大小剪裁英文报纸,并
将点缀用素材放入相框中,制作
效果图。

6 准备好蜡块。

7 将蜡熔化，并将温度调节到50℃。

8 加入迷迭香香熏油。

9 再将蜡的温度调节到45℃左右。

10 将蜡从熔蜡锅直接倒在相框带玻璃的一面。相框与玻璃之间的凹陷部分正好让蜡凝固。

11 凝固之后，放入最下层的点缀素材。纸素材要用镊子轻轻铺上去。

12 迅速摆放接下来的素材。

13 所有素材摆放完毕，蜡块凝固后制作完成。

小贴士

香熏蜡片相框
~ 献给母亲 ~

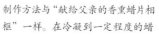

制作方法与"献给父亲的香熏蜡片相框"一样。在冷凝到一定程度的蜡上，摆上用干花和纸做成的迷你花束的点缀素材。用蜡笔描绘"Thank you"的文字（蜡笔的使用方法参考第119页）。

for freinds

赠给朋友

香熏蜡片信封

在给朋友赠送礼物的时候，不妨附上香熏蜡片信封。
在蜡上按上真正的印章，封缄都如此美丽。

蜡片信封

＜材料＞

【信封用蜡】

- 蜜蜡（漂白类型）……100g
- 石蜡135°F……50g
- 石蜡115°F……50g

香料……玫瑰香熏油（5%、10ml）

【封缄用蜡】

PM50混合蜡……10g

（石蜡135°F 5g、微晶蜡5g）

颜料……酒红（第104页、第105页中还用到棕色）

＜工具＞

基本工具（参考第16页）

硅胶盘、方格纸、

饼干模具、封缄用章

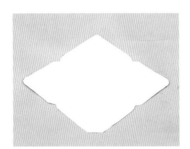

1　制作第111页的信封的纸样，将方格纸裁剪好。

2　准备好蜡块。3种蜡分别用不同的熔蜡锅熔化，然后倒入同一口锅中。

3　将蜡的温度调节到70℃。

4　加入玫瑰香熏油。

5　将蜡加热到85℃以上。

6　将蜡直接倒入硅胶模中。

7　当蜡冷凝到硬度与羊羹相当后，
　　将其从硅胶模中取出来。

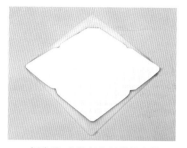

8　把步骤1中做好的纸样放在蜡上。

9　按照纸样的轮廓切割蜡块。

10　切割完成后的样子。

11　与信封的制作流程一样，将最下面
　　的边往上翻折。

12　将左右两边翻折。

13　左右两边折叠完毕的样子。

14　最上面的边往下翻折重叠。

15　完成信封折叠后的样子。

16 准备好饼干模具。如果尺寸很小则可以用糖花的模具替代。

17 用第108页中剩余的蜡和步骤16中的模具翻出蜡花。有时用作点缀素材可以烘托出华丽的感觉（参考第106页、第107页）。

18 准备好封绒用的印章。

19 熔化封绒用蜡，加上颜料染色后在烤盘纸上呈圆形摊开。

20 蜡稍稍凝固后，用封绒章在上面按压。

21 多余的部分待蜡块进一步凝固后用剪刀去除。

22 去除多余蜡块后的样子。将左边的蜡再次放回锅中熔化，在粘贴印章的时候使用。

23 将步骤22中的蜡滴在蜡片信封上。

24 把步骤22中右侧的蜡印章粘好，制作完成。

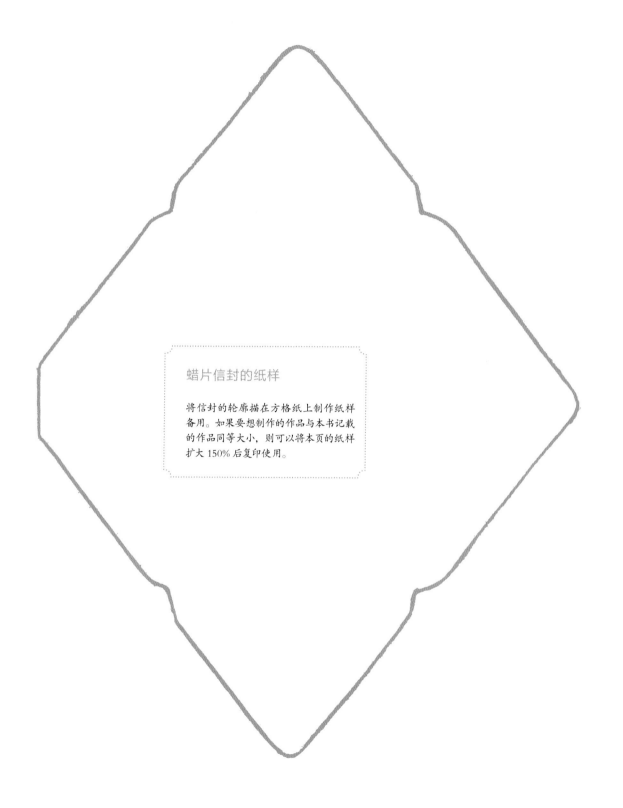

蜡片信封的纸样

将信封的轮廓描在方格纸上制作纸样备用。如果要想制作的作品与本书记载的作品同等大小，则可以将本页的纸样扩大 150% 后复印使用。

for him 给亲爱的他

香熏蜡棒

将蜡来回滚动就变成了圆形的香熏蜡棒。
并不过分华丽的外形和色彩，如果装点在
绅士的居所，一定会带来惊喜。

for baby
给最爱的宝贝

迷你小熊香熏蜡片

可以用作宝贝出生贺礼以及周岁时的纪念等。
可爱的小熊蜡片，会让看到它的人展颜欢笑。
根据个人喜好，也可以自由搭配字母、数字甚至花朵等。

香熏蜡棒

<材料>

【蜡】

- 蜜蜡(漂白类型)……30g
- 石蜡135°F……15g
- 石蜡115°F……15g

颜料……黄色

香料……檀香香熏油(5%、3ml)

万寿菊(干花)

<工具>

基本工具(参考第16页)、不锈钢盘、夹子

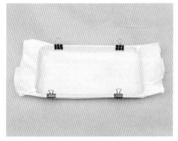

1 在不锈钢盘里叠上一层烤盘纸,并用夹子在四处固定。

2 准备好蜡块。将3种蜡分别在不同的锅中熔化,然后倒入同一口锅中。

3 逐步少许加入黄色颜料。

4 添加颜料,调节色彩感觉。

5 将蜡的温度调节到70℃。

6 加入檀香香熏油。

7　将蜡加热到85℃。

8　准备好万寿菊干花，放在不锈钢盘旁。

9　将蜡直接倒入不锈钢盘中。

10　均匀地放入万寿菊。

11　迅速将干花铺满蜡油。

12　在蜡整体上接近凝固时，取下夹子，将烤盘纸连同蜡取出。

13　从四周向中心剥离烤盘纸。

14　将蜡取出后的样子。

15　从左边开始卷2～3圈。

16 卷出棒状后，用美工刀切断。

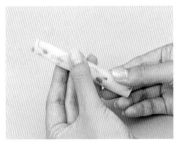

17 用手揉捏切下来的蜡块的切口处，使其变圆滑。

18 用手将上下部分捏圆，并调整蜡块的整体形状，使其过渡圆滑。

19 然后用双手在作业台上滚动，让蜡块变成圆棒形。

20 重复步骤第15～19，制作完成。

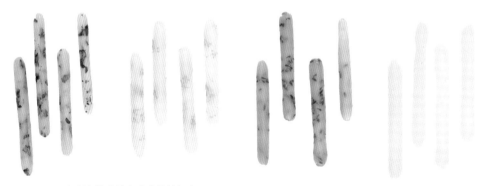

<颜料与棒中放入的素材的组合>
从左起：
颜料：淡玫瑰色/素材：玫瑰花（干花）
颜料：淡绿色/素材：绿色的满天星（永生花）
颜料：紫色/素材：薰衣草（干花）
颜色：绿松石色/素材：白色的满天星（永生花）。制作方法与第114页和第115页相同。

迷你小熊蜡片

<材料>
石蜡135°F …… 30g
PALVAX 蜡 …… 30g
颜料 …… 绿松石色
香料 …… 柠檬香熏油(8%、5ml)

<工具>
基本工具(参考第16页)、橡皮筋
小熊硅胶模
(与第55页、第56页的香水瓶模具的制作方法相同, 选用杂货
小熊玩偶制作硅胶模)

1 准备好蜡块。

2 准备好事先制作的小熊硅胶模,
用3根橡皮筋将模具捆紧。

3 将蜡在锅里熔化,加入颜料。

4 逐渐少许添加颜料,调节色彩感觉。

5 将蜡的温度调节到70℃。

6 加入柠檬香熏油。

7 将蜡加热到85℃。

8 将蜡直接注入小熊硅胶模中。

9 所有蜡都注入模具后的样子。

10 待蜡凝固后取下橡皮筋,用双手从下方的切口处将模具分离。

11 将蜡小心地从模具中取出。

12 蜡从模具中取出后的样子。对不太理想的地方用剪刀或者美工刀进行修整。

搭配花朵

用花朵装扮迷你小熊,使作品显得更加华丽。

1 将制作小熊后剩余的蜡块重新熔化(图示为制作白色小熊后剩余的蜡)。将糊状的蜡涂抹在永生花的背面。

2 将花粘到小熊上,制作完成。

用数字作装饰

周岁纪念或生日，如果用带有数字的蜡片作为礼物，能更好地表达生日的祝愿哦。

1 按照第66页的方法将PM5混合蜡熔化，并染成黄色。加热后倒入模具中。

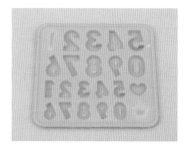

2 蜡凝固后的样子。将蜡块取出，按照第118页中的"搭配花朵"的方法粘到小熊上，大功告成。

使用蜡笔

用手写文字来表达祝愿吧。

1 准备蜡笔（可在蜡的表面直接书写的液体蜡），颜色为金色。

2 按照第66页的方法将PM5混合蜡熔化，并从圆形的饼干模中脱模。

3 用蜡笔在步骤2的蜡块上直接书写文字。注意不要一下子把蜡挤得太多。

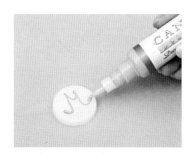

4 书写完成后的样子。让书写文字干燥凝固。

5 蜡凝固后，按照与第118页的"搭配花朵"相同的方式粘到小熊上，制作完成。

其他

香熏蜡片的回收利用

可以多次回收利用是香熏蜡片的优点之一。下面介绍回收的步骤。

回收的原因

 时间太久了，蜡片可能发生老化，品质不佳。

 弄脏了的蜡片不美观。

 尝试了一下，但对外形不满意……
想要重新制作时，不必准备新蜡，只要将失败之作回收利用就OK。

 使用过的香熏蜡片也可以重新做成简约的蜡烛。

使用饼干模具脱模后的残余蜡块的回收利用

<材料>
脱模后余下的蜡

<工具>
基本工具（参考第16页）

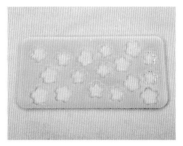

1 制作第64页的樱花蜡片后剩余的蜡块。

2 将步骤1中的蜡块掰碎后放入熔蜡锅。

3 蜡块全部掰碎后的样子。

4 加热将蜡熔化。

5 蜡块完全熔化后的样子。

6 蜡熔化后，将其注入剩余的硅胶模中。凝固后可以将方块的蜡保存，用于以后的作品制作。

使用过的作品的回收利用

<材料>
使用过的香熏蜡片

<工具>
基本工具（参考第16页）
硅胶模

1 检查是否有灰尘等附着，并将蜡片清理干净。

2 将蜡片放入锅中，加热。

3 蜡片逐渐熔化的样子。

4 用一次性筷子将蜡块上的素材取出。

5 将点缀素材放在厨房纸上。

6 所有点缀素材都去掉后，将蜡倒入空余的硅胶模中。凝固后，将方块状的蜡保存下来，用于以后的作品制作。

失败作品的回收利用

\<材料\>
失败作品

\<工具\>
基本工具（参考第16页 ）

失败作品

按照第122页介绍的步骤将蜡片熔化翻新后再加以利用。点缀素材也要重新准备。

成功！

Candle Studio 代官山简介

Candle Studio 代官山是社团法人日本蜡烛协会直接经营的蜡烛手工坊。

在日本关东地区的"代官山主校区（东京）"以及关西的"心斋桥校区（大阪）"都有举办培训课程。我们在学校的地理位置、装潢、设施以及教学团队上都精益求精，力求向学员传授必要的知识和技术，寓教于乐。

想要尝试香熏蜡片等蜡烛手工艺的朋友们可以选择体验课程，想要掌握专业的蜡烛手工艺、想要考取资格证书或者开办自己的手工坊的朋友可以选择蜡烛工艺进阶／大师／培训师的课程。

喜欢尝试新鲜事物或者对蜡烛有兴趣的朋友们，我们在 Candle Studio 代官山期待您的到来。

内容丰富的课程

体验课程

大约 2 小时就能完成的简单蜡烛工艺的体验课程。不同时期的体验课程内容不尽相同。详情敬请垂询。

植物系蜡烛课程

该课程分四次讲授植物与蜡烛搭配的作品的制作方法，包含香熏蜡片、植物系蜡烛等。

单次课程

单次课程可让您在一次授课中掌握植物系玻璃蜡烛、字母香熏蜡片等某一种作品的制作方法。

糕点师养成课程

从杯形蛋糕到糖霜饼干、马卡龙塔……任何一件作品都无比精致，足以乱真。课程一共有四讲。

Candle Studio 代官山

邮编 153-0051
东京都目黑区上目黑 1 丁目 10 番 3 号 代官山三号馆 3 楼
TEL：03-6873-7850
Mail：info@candle-studio.jp

推荐的硅胶模店铺

当熟练掌握了香熏蜡片的制作方法后，您一定会想尝试一下制作各种形状的蜡片。为了满足您的这种需求，我们在此介绍几家有特色的硅胶模店铺。

Ever garden
硅胶模具的专卖店。
硅胶模具从平面到立体一应俱全。
http://www.rakuten.co.jp/evergraden/

Iaetitia
手工香皂用的硅胶模具店。
这些模具也能用于香熏蜡片的制作。
http://laetitia-sapo.com

kitchen master
面点、糕点以及糖点用模具专卖店。
糕点用具非常全，除了硅胶模具之外，还有饼干模具以及糖花用模具等。
http://store.shopping.yahoo.co.jp/kitchenmaster/

除此之外，在百货商场或者大型文具店的糕点用具专柜、合雨桥（东京）等批发一条街都可以买到各式各样的硅胶模。

★上面的店铺都不是香熏蜡片用模具的专卖店。店铺无法为您回答香熏蜡片的工艺以及与蜡相关的问题，请您谅解。

★本书记载的信息截至 2016 年 11 月。请注意其中的内容可能会发生变化。

图书在版编目（CIP）数据

手作零失误的唯美香熏蜡片 /（日）蜡烛研究室（Camdle Studio代官山）著；陈刚译.— 北京：北京科学技术出版社，2018.10

ISBN 978-7-5304-9634-3

Ⅰ.①手… Ⅱ.①日…②陈… Ⅲ.①蜡烛—手工艺品—制作 Ⅳ.①TS973.5

中国版本图书馆CIP数据核字（2018）第072168号

手作零失误的唯美香熏蜡片

作　者：〔日〕蜡烛研究室 （Candle Studio 代官山）	电话传真：0086-10-66135495（总编室） 0086-01-66113227（发行部） 0086-01-66161952（发行部传真）
译　者：陈　刚	
策划编辑：孙　爽	电子信箱：bjkj@bjkjpress.com
责任编辑：刘　云	网　址：www.bkydw.cn
责任校对：贾　荣	经　销：新华书店
责任印制：李　茗	印　刷：北京利丰雅高长城印刷有限公司
图文制作：申　彪	开　本：787mm×1092mm　1/16
出版人：曾庆宇	印　张：8
出版发行：北京科学技术出版社	字　数：150千字
社　址：北京西直门南大街16号	版　次：2018年10月第1版
邮政编码：100035	印　次：2018年10月第1次印刷
	ISBN 978-7-5304-9634-3 / T・981

定　价：59.00元